孩子们看得懂的科学经典

万物简史

② 怒放的生命

徐国庆 编著

高 帆 绘

北京理工大学出版社
BEIJING INSTITUTE OF TECHNOLOGY PRESS

前言

　　亲爱的小读者，这次我们要一起来读的书是《万物简史》。《万物简史》可是一本超级有名的科普读物，美国作家比尔·布莱森用他那既通俗易懂又引人入胜的写作手法，给人们介绍了许许多多有趣的科学故事——当然，还有那些赫赫有名的大科学家，以及他们不曾被教科书所讲述的另一面。为了让小读者们更清楚、更轻松、更有兴趣地掌握《万物简史》中的知识，我们将这本了不起的通识读物分成了《宇宙与地球》《怒放的生命》和《瑰丽的科学》三个分册。当你用心阅读完这三本书时，我相信你一定会对自我、对人类、对我们所生活的世界产生不一样的感悟！

　　第一册是《宇宙与地球》，顾名思义，这本书要讲的就是宇宙和地球的演化过程——这可是一段相当惊心动魄的历史哦！不要担心会遇到那些搞不明白的学术名词，我们保留了原作那幽默诙谐、通俗易懂的描述，为小读者们准备了一顿有趣、轻松又丰富的知识大餐。在这本书中，我们可以了解到：广阔的宇宙起源于一个小到不起眼儿的奇点；地球其实一点儿也不安全，有无数个小行星在伺机撞击它；人类曾经在地球上钻了很多个洞，但至今也没能钻到地心；而生活着无数野生动物的黄石国家公园，竟然是一座随时都有可能爆发的活火山！

　　相信你一定曾思考过：地球上的生命是如何从无到有的？为什么会有数不清的动物湮（yān）灭在历史的长河中？化石是怎样形成的，又是怎样被人们发现的？猴子真的是人类的祖先吗？我们为什么总是能发现新的生物？不要着急，在第二册《怒放的生命》中，这些问题都将一一得到解答。通过这本书，我们将会与复杂多变的生命进行深刻的对话，去探索生命之所以能存在的种种秘密，梳理不同生物的演化历史，并思索包括你与我在内的人类的未来。

在第三册《瑰丽的科学》中，我们将会一起来回顾人类科学史上那些伟大与奇妙的时刻。你能想象得到吗？门捷列夫竟然是从扑克牌游戏中找到了创造元素周期表的灵感；牛顿实际上把他一生中的大部分时间都献给了炼金术；磷这种化学元素最早是从人的尿液中提炼出来的；在发现放射性元素时，人们根本没想到它们的射线会如此危险，还将它们用于制造牙膏、化妆品、玩具，甚至是巧克力！

好了，剧透到此为止，让我们期待一下更加精彩的正文吧！总之，这套书就是要把复杂的知识化繁为简，用简练明了的语言来告诉小读者们——科学充满了意想不到的魅力！当然，科学绝不是冷冰冰的，而是温暖的、智慧的、充满怜悯的。在《万物简史》中，比尔·布莱森表达了自己对生命、自然以及世界的热爱，也反思着人类对大自然以及其他生灵造成的伤害。科学的进步绝不能伴随着人类的狂妄自大，不能以牺牲我们的家园为代价。现在，翻开书，与我一起开启这场奇妙又欢乐的科学之旅，让我们踩着伟大的科学家们的肩膀，看向更广阔、更遥远的未来！

目录

活跃在地球上的生命

你可别太小瞧自己哦！你知道吗，在茫茫的宇宙中，能够作为人类诞生并找到长久的安身之所，那是一件相当了不起的事情！毕竟，在数以亿计的、各式各样的星球之中，只有一个不太起眼儿、普通得要命的地球孕育并收留了人类——其实这么说也不太正确，因为也不见得它是自愿干这种事的……

收留我们吧！求你了！

当然，想求地球收留的生命可不止人类

002

在地球上诞生的生命

我们能在地球上生活并不容易！要知道在浩瀚无垠的宇宙中不知有多少颗星球，但恰恰只有在地球这一根独苗之上诞生了丰富多彩的生命。地球是如此奇特，又是如此孤单。但话说回来，人类能在宇宙中活下来也算是个奇迹，因为我们的适应能力真的非常差：太热的地方不能住，我们可能会中暑；没有水的地方不能住，我们很快会渴死；太冷的地方不能住，我们的身体在健康的情况下都储存

我的天啊，这也太冷了！

天啊！地球要收留人类？

反正我是不会收留他们的！

003

不了太多的热量……把所有必要的条件都考虑进去，我不得不佩服人类的祖先，它竟然能在茫茫宇宙中找到这么一颗渺小的星球，又在它之上找到那么一丁点儿合适的地方来诞生、进化并繁衍出无数的子子孙孙。

当然，只有人类祖先的一厢情愿可不行，地球也具备了很多促使生命诞生的必要条件，我们就来挑几个方面说一说：首先，地球与太阳的距离不远也不近——看看金星，它离太阳的距离要近得多，它的表面温度可以高达470℃，这是地球上任何生命都无法抵御的高温；其次，地球内部涌出的岩浆制造了陆地，喷出的气体促使了大气层的创建；再次，月球始终不离

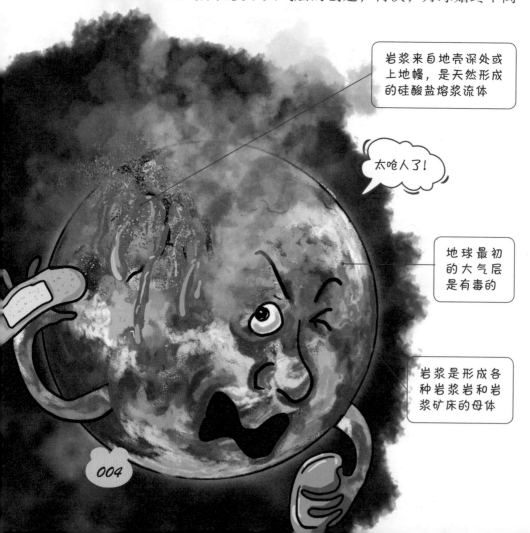

岩浆来自地壳深处或上地幔，是天然形成的硅酸盐熔浆流体

太呛人了！

地球最初的大气层是有毒的

岩浆是形成各种岩浆岩和岩浆矿床的母体

不弃地守护着地球，让地球能以合适的速度和角度自转；最后，当然还离不开恰到好处的时间，你与我都知道，宇宙可是个说变脸就变脸的"狠角色"，当年灭绝恐龙时可能只用了一颗小小的陨星——这么多条件在合适的时间内一同出现在地球上，除了奇迹，我再也想不到其他词汇能形容这种巧合了。

我们的祖先做出了一个草率的决定……

据有人估计，地球上存在着大约 99.5% 的宜居空间，但你可别高兴得太早，因为这其中的绝大多数都对人类紧闭上了大门。实际上，这得归功于上万年前，在没经过子孙后代同意的情况下，我们的祖先就做出了一个重大且冒险的决定——从海洋迁徙到陆地上去生活。经过漫长的演化，现在的人类早已不能在水下呼吸，更不能在没有装备的情况下贸然潜入深海里。

深海里那无处不在的强大压力，不仅会把我们的血管压瘪，还会把我们的肺挤成易拉罐那么小！

但是，世界之大无奇不有，还真的存在着那么一小部分人，他们非常乐于挑战裸潜这项极限运动。比如：在 1992 年，一个叫翁贝托·佩利扎里的意大利人就在没有戴呼吸器具的情况下，一举下潜到了水下 72 米，并在那里停留了 1 秒，然后活着返回了水面。

虽然人类不能轻易涉足深海，但这可不代表没有生物能够在这里生存。如今，伴随着科技的发展，人类制造出了各种各样的潜水器具，比如潜水衣、潜水面具等，来探索神秘的深海世界。我们这才发现，原来在没有阳光照射、远离人类生活的海底，不知道有多少种生物正在悠然自得地生活着。

当然，潜水器具绝不是万能的，很多需要经常潜入大海深处工作的人还是会罹患可怕的"弯腰病"，也就是减压病。这种疾病会导致人们关节酸痛、皮肤瘙（sào）痒，甚至在一夜之间瘫痪或者死亡。并且，在之前发生的许多次潜水事故中，死去的潜水员最后都尸骨无存——可见当时的场景有多惨烈！

006

组成我们的那些物质

你可以把肺部想象成一个可以被捏爆的气球

对于深海里的压力会把人压扁这件事，一些科学家是持反对态度的，他们认为人类本身就是由大量的水组成的（大约占人体重量的 70%），因此当我们不戴装备下潜到大海深处时，我们的身体依然会保持和海水一样的压力——说简单点儿，就是我们实际上可能并不会被压死。真正影响人类在深海里是生是死的变量是：我们的身体里还存在着气体，尤其是在肺里。当这里的气体被压缩到一定程度时，势必会导致我们体内的器官产生破裂。但遗憾的是，我们尚未搞清楚这个极限究竟在哪里。

除了水和气体，我们再来说一说组成我们的元素。地球上存在很多元素，既有自然存在的，也有后来人类自己制造出来的。在自然存在的元素中，有几种对地球上的生命是极其重要的，比如：对创造生命至关重要的氧、碳、氢等；对延续生命举足轻重的铁、钴（gǔ）、钾、钠、钒（fán）、锰（měng）等。当然，我们还要时刻提防一些"敌人"趁机搞破坏，比如氯（lǜ）、铅、钚（bù）、汞（gǒng）、氨（ān）等。于是，当这些元素各归其位，出现在它们该出现的地方时，一些不同寻常的事情就这么悄无声息地发生了——地球照旧过着普普通通的一天，但最初的生命已经开始活跃在它的上面。

出发！
向大气层前进

我无法想象地球失去了大气层的样子，那一定会变得非常可怕！大气层就像是包裹着地球的一条毯子，它给予了地球上的万物温暖，并保护着我们不受宇宙射线、带电粒子和紫外线的侵扰。为了方便起见，科学家将它划分成了5个部分：对流层、平流层、中间层、热层和外逸层。对流层离地表最近，同时它也是大气层中最活跃的部分。

希望如此！

阻挡宇宙射线的大气层"魔毯"

离不开的大气层

大气层之于地球的重要性，相信你早有耳闻，但你真的知道大气层究竟重要在哪里吗？首先，让我们先来明确一下什么

是温度：温度就是度量大气分子活跃程度的一种手段，它可以用来表示物体的冷热程度。生存环境的温度对任何生物来说都极其重要，过热或者过冷都有可能导致某些种群的灭亡。虽然我们的大气层并不是很厚，但它最重要的功能之一就是帮助地表维持在一个相对稳定的温度。如果没有了大气层，地球将会变成一个平均气温只有 -50℃ 的硬邦邦的大冰坨子。

当然，这仅仅是大气层的功劳之一，在我们无法看到的地方，它还像面坚韧的盾牌，替我们阻挡了来自宇宙中的"明枪暗箭"。

想象一下，如果有一天大气层突然"罢工"了，那么连落在我们脑袋上的平常雨点，都能将我们毫不留情地打昏过去！还有那些蠢蠢欲动的宇宙射线，它们将会像一把把锋利的小匕首，"咻咻"地插进我们的身体里！

大气层的神奇构造

大气层可以被分成 5 个部分，按距离地表从远到近的顺序排列，分别为外逸层、热层、中间层、平流层和对流层。

外逸层位于距离地表 500 ~ 10000 千米的高空，因它里面的原子和分子会不断地逃逸到宇宙中去而得名。外逸层作为大

外逸层

热　层

中间层

平流层

对流层

气层中最接近宇宙的部分，会不断受到太阳风的侵扰，而太阳风就是太阳由日冕的冕洞中喷射而出的带电粒子流。

热层和中间层都处于大气层的中间地带，但二者之间的关系堪称"冰"与"火"：中间层的平均温度大约只有 -90℃，而热层的温度却能一下子飙升到 1500℃！不需要出大气层，只要待在热层里，你就能体验到失去大气层的保护将会是种怎样的滋味。

平流层与地表离得并不远，如果我们能建造一台通到那里的快速电梯，那么只要 20 分钟左右，我们就能抵达平流层。平流层的平均温度大约只有 -57℃，虽然这个温度对人类来说是可以忍受的，但那里依然非常危险。为什么这么说呢？因为平流层的压力与对流层的相比，出现了人体所不能承受的变化，就算是经验丰富的登山队员也不行——我敢肯定当电梯门打开的时候，里面的人即使不会马上一命呜呼，也会变得奄奄一息。

对流层紧挨着地面，它是大气层中离人类最近的部分。对流层富含氧气，温度适宜，虽然它只有 10 ~ 16 千米厚，但它的质量占了整个大气层的 80%。不仅如此，它还拥有大气层中所有的水分。实际上，我们能看到的大多数的天气变化，都发生在这个娇弱的薄薄的对流层里。

地球上的天气变化

对流层是地球上发生天气变化最频繁的地方。当我们举头仰望天空时，其实天空并不像我们看到的

知识链接

人类的极限

还记得我们在前文中说过的吗，人类的适应能力真的很差！如果我们生活在大约 4500 米的高度上，就会患上一些难以治疗的疾病；如果再往上走一点儿，到达了 5000 米以上的高度，我们就有很大可能会小命不保！你知道吗，高度在 7500 米以上的地方被称为"死亡地带"，别说普通人，就算是那些背着氧气瓶、受过专门训练的登山队员也无法长时间地待在那里。

那样平静，那里的空气正在到处流动，积极地酝酿着新的风雨。

对流层的质量占了整个大气的 80%——就这么一句话，你可能还体会不到它的恐怖之处，但事实上，整个地球上大概有 5200 万亿吨空气呢！试想一下，当对流层中的所有空气都运动起来，形成巨大的风暴时，那场面该是多么恐怖呀！

风雨总是相伴而来。当对流层中的小水滴凝结在一起，变得越来越重时，它们就会变成雨水落回到地面上来。总的来说，一场大雨中大约有 60% 的水分子会在一两天内重返大气层，然后在对流层中平均待不上一个星期，就又会以雨水的形式回到地面上来。至于其他水分子，据说当它们流入海洋后，可能需要 100 年的时间才能重新回到对流层中。

当然，除了风雨，电闪雷鸣的天气在地球上也很常见。根据研究，地球上每时每刻下着大约 1800 场大雷雨，平均每天要下 40000 场左右！而一瞬即逝的闪电也十分厉害，它可以把自己周围的空气加热到 28000℃，这可比太阳表面的温度还要高上许多！

我的天啊，怎么每天都在下雨啊？

013

被水主宰着的地球

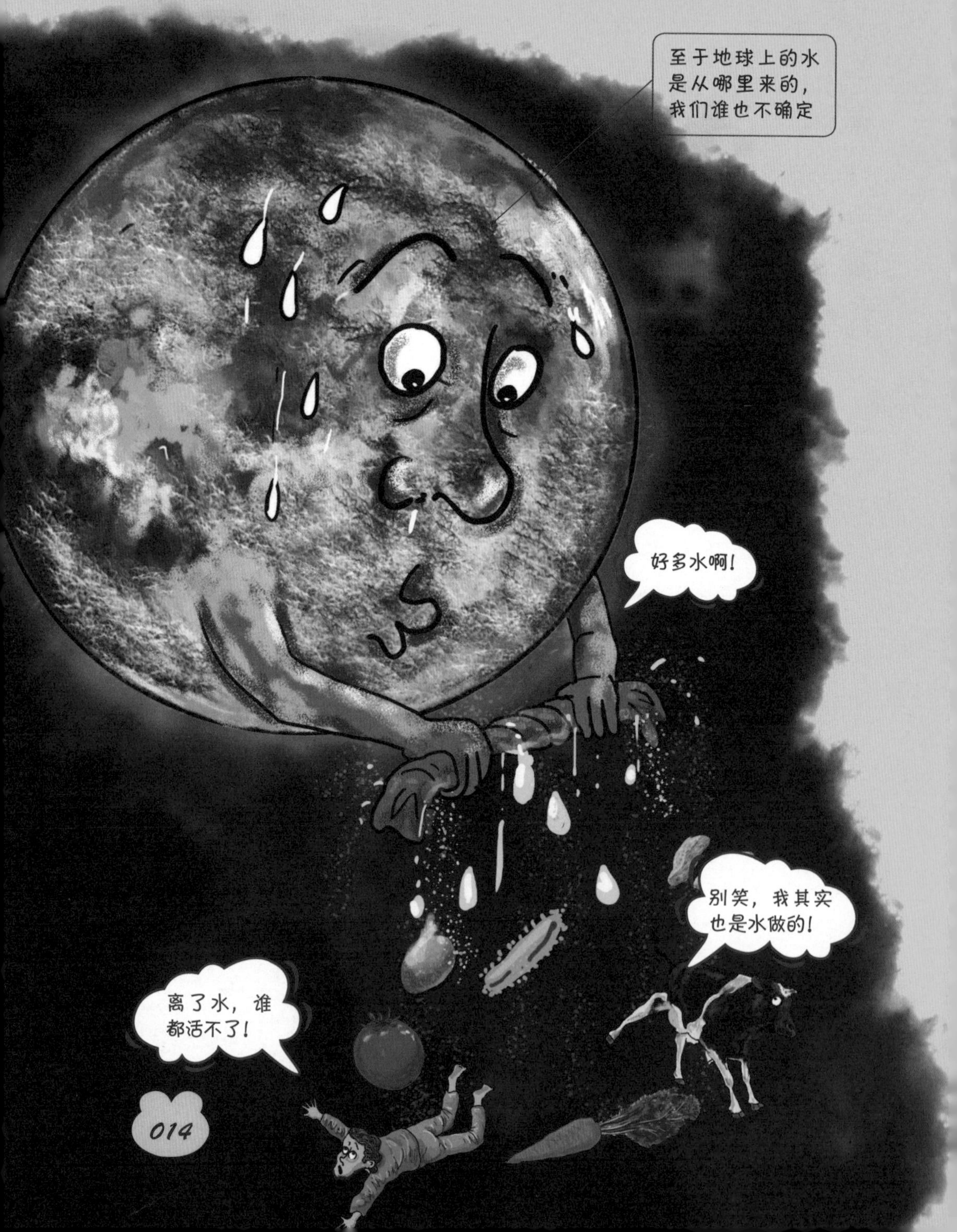

你知道吗，从太空中远远地望去，地球看起来就像是一个湛蓝色的球体！这是因为地球上的海洋连成了一片，大约占了全球总面积的71%。这么一看，比起"地球"，我们这颗几乎被水覆盖着的行星更应该被叫作"水球"。

哪里都有水

地球被水主宰着。环顾你的周围，你很难找到有一样东西是不包含水分的：一个土豆的80%是水，一头牛的74%是水，一个细菌的75%是水，一个西红柿的95%是水，甚至你自己——一个人的71%也是水——实际上，我们的身体只有一小部分是由固体组成的。

水真的是一种很神奇的东西。它几乎没有味道，也没有气味。它仁慈地维持着地球上绝大部分生物的生命，但有时也能轻而易举地将我们置于死地。它能变得沸腾，把你烫伤；也能凝结成冰块，把你冻坏。它有时待在天空之上，离你远远的；有时又变成落下的雨水，将你淋成落汤鸡。它平时看上去平静而温柔，但有时也会表现出狂野暴躁的一面，一下就能把高大的建筑物

不过，目前还没有发现足够的证据能证实史前大洪水的存在

地球上的水多得超乎想象。

洪水几乎淹没了世界。

016

掴翻在地。这就是充满着无限可能、变幻多端的水。

世界各地的许多民族，世世代代都流传着关于大洪水的传说：在遥远的洪荒时代，一场滔天的洪水淹没了地表上的大部分陆地。虽然这只是个传说，但细想一下，也许过去真的有一场洪水能做到如此地步，毕竟地球上的水加起来有 13 亿立方千米之多！你喝的水在地球形成之初便已经存在于这个世界上了，但大约在 38 亿年前，地球上的海洋才充满了水。虽然在地球上，水的体积与质量如此庞大，但地球上的水的确在不断地运动着，它会在天地之间不停地来来回回，变成雨、雪、雾、霜，变成小溪、河流、湖泊、海洋，躲进植物、动物、人类的身体，将自己送往地球上的每一个角落，即使是毫无生机的戈壁和沙漠。

淡水资源的匮乏及分布不均，使得全球现在仍有约10亿人喝不到干净的水

海水资源虽多，但海水淡化需要花费很多资金

海洋中的水

地球上的水有 97% 都在海洋中，而其中要数太平洋占得最多。太平洋是世界上面积最大的海洋，它的面积比所有陆地面积的总和还要多得多！事实上，地球上的海水有一半都去了太平洋，大约 1/4 去了大西洋，不到 1/4 去了印度洋，只剩下大约 3.6% 留给其他海洋瓜分。太平洋平均要比大西洋和印度洋深300 米左右。

估计这时候你要问了，既然海洋中的水有这么多，为什么我们还天天喊着口号要大家珍惜每一滴水呢？这是因为地球上只有 3% 的水资源是淡水。人类是离不开水的，没有了水，我们的身体很快就会出现各种各样的问题：我们的嘴唇会萎（wěi）缩，甚至消失；我们的牙齿会变黑；我们的

跑快点儿，病人需要及时治疗！

鼻子会缩小一半；我们眼睛周围的皮肤会发皱，导致我们无法再眨眼。但是，海水不仅缓解不了我们身体缺水的状况，直接饮用海水还会导致我们中毒，甚至是很快死亡。

海水只有经过复杂的过滤才能被人们所使用，必须要这样做的原因之一就是其含有大量的盐。虽然在日常生活中，人们经常会把盐作为调味料，让饭菜变得更美味，但这些盐就已经能够满足我们的生理需求了。海水是不是尝起来有点儿咸？你知道吗，海水中所含的盐量大约是我们能安全吸收的 70 倍！形象一点儿地说，每升海水里可以盛出大约两勺半的盐！天啊，这也太咸了吧！

要是一个人不幸喝了太多的海水，那么他的肝脏很快就会因为负担过重而罢工，随着肝脏逐渐停止运转，人也会极其痛苦地死去。所以千万要记得，不管你渴到了什么地步，都不要轻易把海水喝下肚！

数不胜数的
海洋生物

自古以来，海洋便对人类十分重要。尽管海洋中危机四伏，但我们仍相信世界上的第一个生命诞生于此。海洋是地球上面积最辽阔的栖息地，从温暖的热带海域到寒冷的极地海域，到处都有丰富多彩的海洋生物努力地生存着。跟我一起潜入神秘的海洋王国，去看看那里正在发生什么有趣的事情吧！

珊瑚是海洋中不可缺少的生物，它为许多其他海洋生物提供了重要的藏身之处

海洋中生活着许多长相奇特的生物，没有眼睛和鼻子的海胆就是其中之一

海洋生物指的是生活在海洋里的各种生物，包括海洋动物、海洋植物、微生物及病毒等，其中海洋动物又包括无脊椎动物和脊椎动物

在人类的心里，
海洋深处很遥远

对于多数人而言，海洋深处是一个相当遥远的地方——这不仅仅是指物理上的距离，也代表着我们下意识地把自己的生活与它割裂开了。在1957—1958年国际地球物理学年会期间，有科学家竟然公开提出要向海洋深处倾倒放射性垃圾！可能你现在还不太了解放射性垃圾究竟是什么，但你一定听说过居里夫人吧？她就是由于长期接触放射性物质，而罹患恶性白血病逝世的！放射性垃圾的可怕之处远远超出了你我的想象。可是，就是这么一种极其危险的东西，竟然会有科学家想要把它堆放在海洋深处，真是让人大跌眼镜。

无脊椎动物就是背部没有脊柱的动物，比如我、海星、海胆和海虾。

脊椎动物就是背部有脊柱的动物，比如我和鲨鱼。

海洋是地球上面积最大的栖息地。从远古时代开始，数不清的、各式各样的海洋生物就自由自在地生活在海洋中。据说，地球上最早的生命就诞生在这里。总之，海洋的神奇之处远远超过了人类的想象，关于海洋生物的无数秘密仍等待着被揭开的那一天。

但事实上，在这次大会之前，就已经有不少国家在暗地里这样做了，包括美国、日本、新西兰等。在 20 世纪 90 年代前的很长一段时间里，美国人会将放射性垃圾装在没有任何保护性内衬的桶里，再一桶一桶地沉入大海，如果见到桶没沉下去，还会开枪将桶打得千疮百孔，让海水进入桶内（放射性垃圾当然也会流出）。这一切究竟会对海底的生物产生什么影响，没有人知道！因为即使在科技如此发达的今天，人类仍然对海洋里的生物一知半解，甚至是世界上体积最大的动物——蓝鲸，我们都没能揭开它刻意隐藏起来的那些秘密。

畅游着的海洋生物

蓝鲸是我们目前已知的地球上存在过的体积最大的动物。即使是体积最大的恐龙，在这种庞然大物面前也无法卖弄自己引以为豪的躯体。蓝鲸的脑袋非常大，它的舌头可以重达 3 吨，在表面能站得下 50 个人。然而在某种意义上，蓝鲸的生活对于我们来说还是个谜团。在许多时间里，我们都不知道蓝鲸到底游去了哪里，虽然我们能够根据它的声音来找到它的位置，但蓝鲸有时候叫得起劲，有时候又任性得一声不吭，或者发出我们从来都没听过的新声音。所幸蓝鲸作为哺乳动物，仍要定时浮出水面来呼吸空气，这个时候就是我们确定它们活动轨迹的最好时机。

至于那些不曾浮出过水面，甚至不愿意游到浅海里的动物，我们想要收集它们的信息就更加困难了。在 20 世纪的下半叶，有人曾在北大西洋纽芬兰的海滩上发现过一只大王乌贼的尸体，它巨大得超过了人们当时的认知：它

知识链接

地球两极地区的冰

在神奇的大自然中，虽然很多动物也依靠海洋为生，但它们并不是水生动物。在捕猎和进食以外的时间里，这些动物会来到浮于海洋的冰面上休息。事实上，虽然地球的南北两极地区都被冰雪所覆盖，但地球上的大部分冰都集中分布在南极洲。你知道吗，在南极，企鹅可以在300多米厚的冰上自由地生活，而居住在北极的北极熊却需要保持警惕，因为它脚下的冰可能只有5米左右厚，并且随着温室效应的加剧，时刻都有开裂的可能。

的眼睛有足球那么大，柔软的触角可以伸到18米长，体重足足有1吨重。这只乌贼可以说是地球上发现的体积最大的无脊椎动物了。但遗憾的是，至今还没有人见过活着的那么大的乌贼——我们当年之所以能发现它，主要还是因为它不幸被海水冲上了沙滩，至于究竟是由于什么原因导致了这桩悲剧发生，那我们就不得而知了。

并不很富庶的海洋

拖网是在 20 世纪 60 年代出现的，自从这种装置面世，我们才意识到海洋中存在着极其丰富的生物。一些科学家曾沿着大陆架用拖网捕捉过海洋生物，在差不多 1 个小时的捕捞中，他们收获颇丰，找到了大约 25000 种动物，其中包括软体虫、海星、海参等。但是，你知道的，拖网只能抓住那些因为行动太慢或太笨而来不及躲闪的家伙，海洋中还有许许多多聪明又敏捷的生物正在自由自在地生活着。

那么，既然海洋这么浩瀚，为什么近些年来人类却认为海洋资源开始匮（kuì）乏了呢？一方面，世界上的海洋并不都是天生富饶的，其中只有 1/10 被认为是资源丰富的；而海洋深处也并没有太受到生物的欢迎，大多数海洋生物还是更喜欢待在浅水中，因为这里有阳光直射，海水温暖、有热量，它们能够获得的食物更充足。另一方面，人类的活动严重干扰了海洋生物的正常生息，过度捕捞不仅会直接使某一族群的数量锐减，还会间接破坏海洋生态圈本就脆弱的食物链，并最终导致许多海洋生物几近灭绝。比如现在我们就已经很难在大西洋中见到野生的鳕鱼了，而就在几十年前，欧洲的渔民还天真地以为它们是捞之不尽的鱼类。

你不是见过我吗？

你就会欺负我爬得慢！

025

当第一个生命诞生时

几十亿年前，地球上还是一片了无生机的荒芜，腐蚀性的气体四处蔓延，闪电不断地掠过昏暗的天空，阳光几乎照射不到地球的表面。如果你坐着时空穿梭机到了那个时代，你绝对会从机器里刚走出去就马上退回来！但生命是多么奇妙啊，即使处在这样一个严峻的环境中，它还是克服了种种困难，坚强地成长了起来！

从简单的生命开始

在很长的一段时间里，人们都以为生命的存在不超过 6 亿年，相比地球的历史，生命的演化历程显得非常短暂。但实际上，根据近些年来的研究，科学家惊讶地发现地球上的生命竟然诞生得如此之早——38.5 亿年前就诞生了！要知道在过去，即使有大胆的科学家猜测过这个时间，他们也只敢说是 25 亿年前。

我要回家！

这些气体既有毒又非常炙热

026

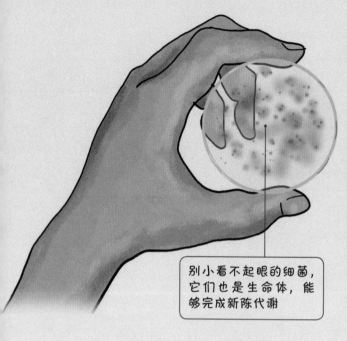

别小看不起眼的细菌，它们也是生命体，能够完成新陈代谢

在将近20亿年的时间里，细菌是生命的唯一形式。关于细菌，我们会在下个章节继续细讲，现在让我们先来了解一下最古老的生命——叠层石。在地球最初形成的时候，海洋覆盖了地表的绝大部分，不知从什么时候开始，在浅一点儿的海水中出现了蓝绿藻，它带着一点儿黏性，可以粘住一些微小的尘埃和沙砾，于是慢慢地，它们形成了一种古怪而又坚固的架构——叠层石。叠层石有时看起来像颗巨大的西蓝花，有时又会呈毛茸茸的圆柱状，从水中露出几十米的头来。

在这个阶段，地球上的生命是非常简单的。我们还要等待将近20亿年的时间，在叠层石这样的小生物把大气中的氧增加到适宜的浓度以后，生命才会逐渐变得复杂起来。

任何生物的生命活动都离不开细胞的增殖、分化、衰老和凋亡。不管是哪种原子和分子都无法独立建造生命，也就是说，如果从你身上取下一个原子或分子，它只会成为没有生命的物质，和一粒沙子没有什么分别。而当所有生命所需的材料都进入一个细胞里面时，这个细胞就成了生命。生命复杂起来的过程，一定离不开一种崭新的细胞的诞生。

"生命的砖头" —— 氨基酸

　　说到生命，我们一定得先来谈一谈氨基酸这种物质，它被人们称为"生命的砖头"，顾名思义，它是组成生命这座"摩天大厦"的最基础的物质。在美国芝加哥大学工作的斯坦利·米勒做过这样一个实验：他先准备了两个长颈瓶，一个装着一些水——代表远古的海洋，一个装着一些甲烷（wán）、氨气和氢气的混合物——代表地球早期的大气层；然后，他将两个瓶子用橡皮管连接在一起，放了几次电火花，当作是地球早期频繁出现的闪电；等了几天后，他发现瓶子里的水不仅变成了黄绿色，还变得很浓稠，里面出现了氨基酸、脂肪酸、糖类和其他有机化合物。虽然这个实验听上去很复杂，但说实话，相比蛋白质，氨基酸还是比较容易制造的——对于生命来说，想要造出蛋白质才真是一件需要靠运气的事情。

生命的诞生充满了巧合，地球就像中了一张彩票！

装着混合气体的实验瓶

装着水的实验瓶

用来放电火花的电棒

制造蛋白质

把氨基酸串成一串，就能得到蛋白质。这听上去是不是很简单？但你知道吗，人体里的蛋白质可能多达100万种！要是没有大量的蛋白质，人类这个物种甚至都不可能出现在这个星球上！

若是要制造蛋白质，我们首先得把氨基酸按照特定的顺序排列好，就像你想拼写出一个英文单词时，必须要把它包含的所有字母都摆放在正确的位置上一样。但重要的是，蛋白质这个"英文单词"往往长得不得了，它可能要包含上千个"氨基

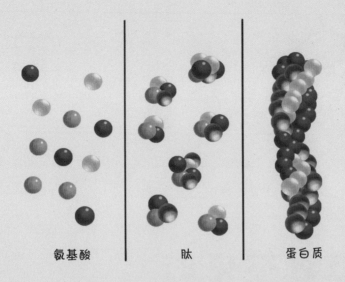

氨基酸　　　　　　　肽　　　　　　　蛋白质

酸字母"。我们来举个例子，胶原蛋白的英文单词是 collagen，只要背下这 8 个字母，我们就能记住它的名字，但人体若是想要制造出它，却需要以绝对正确的顺序排列 1055 种氨基酸才行！这么一看，我们的身体是多么的聪明和精妙，在我们毫不知情的情况下，它竟然默默地完成了这么多项难以想象的工作。毫不夸张地说，生命真是个无与伦比的奇迹！

蛋白质是组成人体一切细胞的重要成分

我离不开蛋白质！

富含蛋白质的食物主要可分为动物性和植物性两大类

我们看不见的
微生物世界

在我们肉眼看不到的地方，存在着一个异常活跃的微生物世界，在这里有数百万种微生物正在努力地生活着。也许你会因为电视上时常播放的那些清洁广告而对这些小小的生物充满了厌恶与恐惧，对它们避之唯恐不及；但实际上，它们可是无处不在、无孔不入的，即使你再怎么讲卫生，你的身体上也会有多得无法想象的微生物存在着。

不容忽视的庞大家族

在上文中，我们说过细菌在过去曾是地球上生命的唯一形式。它们的生命力之旺盛、之强悍，超乎你的想象！在地球上演化出更复杂的生命之前，细菌努力地生存着、繁殖着，它们尽可能地增加自己种群的数量，扩大自己种群的规模，却并没有表现出足够的野心——发展成一个更具挑战性的物种。直到某一天，蓝绿藻开始学会制造氧气，一些对氧气有耐受力的新物种便随之诞生了。

事实上，微生物家族可不止细菌这一个成员，它还包括了真菌、病毒、单细胞藻类、衣原体、支原体、螺旋体等。微生物是一切肉眼看不见或看不清楚的微小生物的统称。微生物的数量之多、分布之广，是我们用任何语言都无法准确形容的。

这里可是个好地方！

033

举个例子吧，就算你非常健康，你的身体充满了活力，并且你时时刻刻都在注意远离那些肮脏的东西和地方，但也会有差不多1万亿个细菌正在啃咬你的肉！这听起来是不是很可怕呀？实际上，虽然这个数量如此庞大，但因为个体的微生物实在是太小了，所以你很难察觉到它们对你的伤害。

细菌的冷餐会

人体大约由1亿亿个细胞组成，却会成为大约10亿亿个细菌细胞的宿主。在正常情况下，我们无论如何都无法避免与细菌相处。你可以把自己想象成细菌的一个大食堂，它们每天都会吃掉从你身上脱落的大约100亿片的皮屑，以及从每个毛孔和组织中流出的美味的油脂。为了表示它们的感谢，"好心"的细菌会让你的身体散发出难闻的异味。

除了皮肤上的那些小家伙儿，在你身体的其他部位，比如鼻孔、肠胃、头发、睫毛、牙龈（yín）、牙齿、眼球等，还有几万亿个细菌正在奋斗着。你知道吗，光是在你的消化系统中

就有大约 100 万亿个细菌存在着，而它们又至少能分成 400 多个品种！虽然这些事实听起来的确会令人毛骨悚（sǒng）然，但我要说的是，这里面的大部分细菌其实都不会对你产生明显

的影响，有些细菌只是很喜欢和人类待在一起而已。并且，人类也离不开细菌，要是没有了细菌，我们一天也活不下去，因为细菌担任着处理大自然中废料的重要工作。

令人吃惊的生命力

人类几乎找不到细菌不喜欢的生存环境。我举个例子，你就知道细菌有多么顽强了：链球菌藏身在摄影机封闭的镜头里，在月球上待了两年后，仍能重新焕发生机！这简直是一件匪夷所思的事情！在日常生活中，即使是你随地吐出的一口口水，或者不小心滴下的一滴饮料，细菌都能在里面很好地生活和繁殖下去。再来想象一下这样的场景：如果一个人对着盘子咳嗽一声，在没有使用除菌剂的情况下，不过 24 小时，那个盘子上就会出现大量的细菌——细菌一般是以二分裂方式进行无性繁殖，其繁殖速度非常快。

别看人类个头大，脑袋又聪明，还发明出了抗生素和除菌剂，就以为我们真的有能力把不想要的细菌统统消灭光！这是不可能发生的事情！也许细菌无法建造城市、搭建桥梁、制作精美的工艺品，但只要没到真正的世界末日，它就能在这个世界上继续存在下去。

知识链接

"吃人"的噬肉菌

如果有一种微生物听上去就会让人闻风丧胆，那无疑就是噬肉菌了。噬肉菌，又称食肉菌，但它并非特指某一种单一的细菌，而是那些能引发坏死性筋膜炎的菌类的总称。噬肉菌在进入人体后，会迅速破坏人体的皮肤、脂肪以及筋膜中的组织。一开始，病人会出现发热、肌肉酸痛、咽喉疼痛等症状，之后随着感染的加剧，他的体温会越来越高，血压会逐渐下降，并出现身体组织坏死的现象。如果没有及时切除坏死组织，并服用足够的抗生素，感染噬肉菌的人很快就会死亡。

让人生病的微生物

微生物中有一些不安分子简直是"无恶不作"，它们会让人发烧、头痛、满身长疮（chuāng），甚至是死亡。仔细一想，这到底有什么值得它们高兴的地方？毕竟如果人体不在了，微生物还能找到什么地方会比现在生活得更舒适呢？微生物和人类本应该站在同一条战线上，但现实偏偏总是事与愿违——微生物是世界上最不容小觑（qù）的生命杀手！

让我们把这些坏东西消灭掉！

看不见的杀手

总的来说，每1000种微生物之中，仅有一种才会对人类具有传染性。虽然这个事实听起来有些不可思议，但其实自然界中的大多数微生物对人类都是无害的。你知道吗，一种名为沃尔巴克氏体的细菌是世界上最具传染性的微生物，但它不会伤害人类，甚至不会伤害任何脊椎动物，它更偏爱寄生在节肢动物和一些线虫的体内，比如蜜蜂、蚊子、果蝇等。沃尔巴克氏体细菌会像个极其有耐心的猎人一样，通过隐秘的母子垂直传播，伺机使整个感染的种群遭受灭顶之灾。

对于那些寄生在你身体上的微生物来说，你打喷嚏（tì）、咳嗽，甚至是呕吐和腹泻，其实都算不上什么大事，这些反而可以给它们提供交通上的便利，来帮助它们寻找新的地方生活。实际上，只要你不死，微生物就随时有机会从你的身体里转移出去，但人一旦死亡，它们就失去了安身立命的地方，自然而然也会随之消失。

说到这里，也许你和我一样会有个疑问，那就是从古至今，人类为什么会执着于消灭某些蚊虫呢？毕竟，微生物中的绝大多数并不会对人类产生危害。事实上，很多传染性微生物经常会选择一些移动的第三方帮忙，让它们通过叮咬来帮自己进入人体内，而这些可恶的第三方主要就是一些蚊虫。举个例子，蚊子就属于这种能传播有害微生物的害虫之一，它是流行性乙型脑炎、疟（nüè）疾、丝虫病、登革热等急性传染病的重要媒介——它轻轻的一次叮咬，说不定就能要了你的命！

虽然大自然中能够威胁到人类的"微生物杀手"比较少，但它们个个都非常厉害，因此人类与它们之间的战争从未真正停止过！

干掉杀手的"救援者"

病毒是比细菌还要小的微生物，它们的构造非常简单。病毒有一个重要的特征，那就是它无法独立生活，必须要寄生在其他生物的活细胞里，才能获得赖以生存的营养物质。目前我们已知的病毒大约有 5000 种，它们所导致的疾病高达几百种，比如流行性感冒、普通感冒、天花、狂犬病、黄热病、脊髓（suǐ）

灰质炎（小儿麻痹症）、艾滋病等。当病毒劫持了一个合适的寄主时，它就会快速地繁殖，产生更多的同类。

当然，人类的身体也不是"吃素的"，它可不会任由病毒在自己的地盘上耀武扬威。我们的身体中存在着大量的白细胞，它们是守卫人体的战士，会毫不犹豫、毫不留情地追击每一个被发现的入侵者，并以最快的速度将它们置于死地。目前我们已知的白细胞的种类高达1000万种之多，它们被分成了不同的小组，来负责侦察并消灭某种特定的"敌人"。

知识链接
被孤立的真菌类植物

蘑菇现在已经成为我们餐桌上的"常客",但你知道吗,其实木耳、银耳、灵芝、冬虫夏草都是它的亲戚,它们同属于一个家族——真菌类植物。真菌与细菌、病毒同属于微生物家族,但只有真菌才能形成看得见的植物。真菌类植物与我们常见的植物有很多不一样的地方,但最明显的就是它们不含叶绿素,无法进行光合作用!因此,近些年来,很多科学家都主张将它们从植物界"赶"出去。

试想一下,你的身体里有一些看不见的哨兵正在执勤,它们尽心尽力地巡视着这具身体的每一个角落,这时一个不友善的入侵者出现了,它野心很大地想要占领并摧毁人体,于是激烈的战争一触即发!发现敌情的哨兵会先辨认入侵者的身份,再向对应的援军发出信号,而增援的白细胞会火速赶往现场,并开始吞噬入侵者。当白细胞投入战斗并杀灭病毒时,你的身体就会慢慢地好起来。

生命：永不完结的诗篇

地球上曾生存过很多种神奇的动物，它们世世代代在这里繁衍生息，直到有一天，某种可怕的灾难突然降临，让它们从此在地球上销声匿迹，再无音信。但在千万年以后，聪明的人类却找到了途径与它们对话，那就是研究化石！通过化石，我们能想象它们的模样，分析它们的习性，替它们续写那尚未完结的生命诗篇。

变成化石也是门技术活

变成化石可不容易，因为几乎所有生物——至少其中 99.9% 以上——的命运都是化作历史的尘埃，彻底消失。当你的生

所有动物都会变成化石吗？

并不，这需要有中彩票般的运气！

命走向尽头时，你的身体就不再属于你了，你曾拥有的每一个分子都将回归大自然，等待被重新唤醒并使用。总之，你想变成化石的这个愿望，基本上是不可能实现的。

那么，作为生命存在过的重要证据，化石为什么难以形成？形成化石要具备哪些条件？下面让我们来一一分析吧！首先，你得死在恰到好处的地方，因为只有15%的岩石能够保存化石，所以如果你倒在了一个未来会形成花岗岩的地方是不行的；其次，你死后必须被沉积物所掩埋，在那里留下个印子，就像是泥泞里的一片叶子那样，或者让你的尸体在不接触空气的情况下腐烂，那样你的骨头就会被溶解的矿物质取代，按原件复制出一个石化的翻版；再次，在之后漫长的时间里，无论遭受了地球运动怎样的挤压，化石都必须设法保持住自己的形状；最后，尤其重要的是，在几千万或几亿年后，还得有感兴趣的人找到你，并认为你尸体形成的化石值得收藏。

据说，在12万种生物中，只有不到1种会留下化石；在10亿根骨头里，只有大约1根可以变成化石，而这1根骨头化

①死去的恐龙

②地质变迁使得恐龙的骨骼沉积在了泥沙中，与氧气隔绝

③时间一久，恐龙遗骸上的软组织逐渐腐烂消失

④经过几千万年甚至上亿年的时间，恐龙化石便形成了

①死去的植物

②植物遗体被水淹没，其中的物质成分逐渐发生变化

③植物遗体未腐烂的部分又被沉积的泥沙掩埋起来

④日复一日，年复一年，植物化石便形成了

石还不一定会被发现。同时，因为海洋更利于形成和保存化石，所以我们发现的化石中大约有 95% 都来自海生动物。

最成功的动物之一：三叶虫

我们掌握的化石，只是地球上所有曾存在过的生命中的一丁点儿样品，但这并不妨碍我们通过它们来探索那些曾一度活跃在远古时代的神奇生物。三叶虫最初出现在大约 5.4 亿年前，又与许多别的生物一起灭绝于二叠纪。至今，人们也无法知道究竟是什么原因导致了这场大灭绝。有些人会认为灭绝了的动物就是被大自然淘汰掉的失败者，其实不然，三叶虫就是在地球上生活过的最成功的动物之一——它们统治了地球大约 3 亿年。要知道，就连公认存在时间最长的动物之一的恐龙，也才存在了大约 1.6 亿年而已！

三叶虫曾被认为是唯一已知的早期复杂生命形式。虽然三叶虫长得很小，但它拥有肢、鳃、神经系统、触角、大脑和古怪的眼睛。三叶虫

048

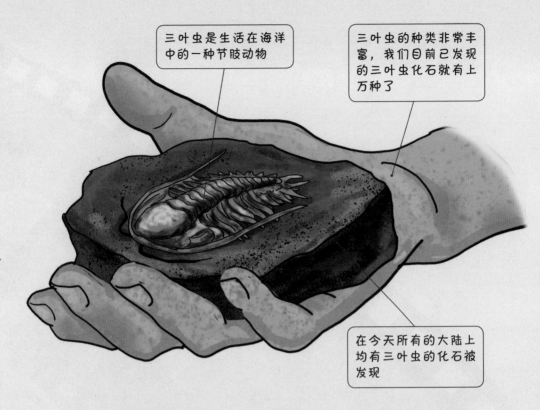

三叶虫是生活在海洋中的一种节肢动物

三叶虫的种类非常丰富,我们目前已发现的三叶虫化石就有上万种了

在今天所有的大陆上均有三叶虫的化石被发现

的出现之谜一直困扰了人类很多年,因为它们仿佛是从天而降的,出现得非常突然,不少科学家都曾致力于研究它们究竟是如何从无到有的。不仅如此,三叶虫中还不乏喜欢冒险的家伙,所以它们不是只出现在一两个地方,而是将自己的足迹踏遍了整个世界——想要收集它们的化石可不是一件简单的事情。

1909 年,美国古生物学家查尔斯·杜利特尔·沃尔科特曾在加拿大的落基山脉中发现了一批数不清的三叶虫化石。这些化石数量之多、品种之丰富,刷新了人们过往的认知。查尔斯·杜利特尔·沃尔科特是研究三叶虫的主要权威,他第一次确定了三叶虫节肢动物的身份,帮助人们加深了对这种动物的了解。

灾难与生命如影随形

我们谁也不知道在人类出现
之前，地球上究竟诞生过多
少种生物，因为随着
一次又一次的灾
难降临，其
中绝大

多数都被消灭得干干净净，而留下来的那些，它们的后代也已经演化得和它们完全不一样了。灾难的阴云似乎总在生命的上空盘旋着，久久不散。然而，不管面对的是怎样的环境，生命总会以令人震惊的方式延续着。

活下去的意志力

你要充分地认识到自己到底有多么幸运！在漫长的演化历程中，只要在某个阶段出现了一个小小的偏差，你的祖先就有可能变成附着在岩石上的藻类，或者懒洋洋地躺在海滩上晒太阳的海象，又或者是钻入泥土里寻找食物的蚯蚓。不论何时，你都不应该轻易放弃自己来之不易的生命。

想一想地衣，地衣既是世界上最坚强的可见生物，也是世界上最没有雄心壮志的生物之一。它不结种子，也长不出强壮的根，只能忠诚地依附在岩石上，就像是石头变成的植物。对它来说，安居在一片阳光明媚的教堂墓地里也可以，但生长在那些别的生物都不愿意去的地方更好，比如风吹雨打的山顶上或北极地区寒冷的荒原上。在冰雪覆盖的南极洲，你也常常能见到它连成一片的身影——有400多种地衣在此安家落户。

地衣求生的意志令人惊叹不已，即使在恶劣的条件下，它也不会轻易放弃，只是生长得很缓慢、很不明显，它往往需要花费半个多世纪的时间才能长到衬衫纽扣那么大。杰出的自然博物学家、"世界自然纪录片之父"大卫·爱登堡曾评价地衣道："它们只是存在，证明一个感人的事实：连最简单层次的生命，显然也只是为了自身而存在。"

怎么到处都有地衣？

性格古怪的生命

不要像地衣那样没出息！

生命有着非常古怪的性格，它总是火急火燎地起步，但又在起步后变得慢腾腾的，似乎一点儿也不着急往前走了。作为人类，我们总是希望生命是带着目的来的，它不能只考虑"活着"这一点儿事情。人类是有计划、有志向、有欲望的，我们接受不了自己像地衣一样，在林中岩石上趴个三年五载，而仅仅是为了活着。但是，地衣和绝大多数的生物一样，拼了命忍受苦难与侮辱，就为了多活一会儿。我们不得不接受这样的事实：生命想要存在，但大多数情况下，它都不太想大有作为。

如果我们把地球 45 亿年的历史浓缩成一天，那么你就能看到以下的场景：在凌晨 1 点，地球诞生了；到了凌晨 4 点，最早的生命形式出现了；然后，经过漫长的等待，直到晚上 8 点，微生物才开始活跃起来；又过了 1 个多小时，不安分的三叶虫登场了，接着地球上出现了海生植物的踪迹；到了晚上 10 点左右，陆地上开始生长植物，过了没多大一会儿，第一批陆地动物也紧跟着出现了；差不多 10 分钟又过去了，地球上覆盖了石炭纪的大森林，同时第一批有翅膀的昆虫开始飞舞；等到晚上

11点刚过，恐龙出现了，但它们只存在了45分钟左右就消失了；就在这一天马上要结束时，赶在午夜前21分钟，哺乳动物才缓缓登上了历史舞台；然后又过了20分钟左右，在午夜的钟声将要响起时，人类终于正式露面了。

在这个蔚蓝色的星球上，只要生物没在成长过程中夭折，那么它长大以后就会自然而然地繁衍后代。但这听起来简单，做起来却很难，因为地球可不是个慈祥的母亲，它善于制造生命，但更善于毁灭生命。地球上的普通物种一般只能延续差不

知识链接
楼兰古国消失之谜

你能想象到吗，现在渺无人烟的罗布泊，当年竟是一片美丽的淡水湖泊。沿着罗布泊，古楼兰人在这里建造了10多万平方米的楼兰古国，而繁华的楼兰古国作为丝绸之路的必经之地，曾如明星一般闪耀在古代中国的西北地区。但就是这样一座城池，却只在中国历史上昙花一现，至今人们也没能找到它突然消失的原因。有学者猜测，可能是自然灾害导致了城中无水可用，使得古楼兰人只能弃城出走；也有学者认为，可能是战争摧毁了楼兰古国，在楼兰城破后，入侵者就狠心地遗弃了它，放任它被黄沙吞没。

多400万年就会迎来消亡；甚至有科学家认为，推动生命发生巨大转变的力量就是旧物种的灭绝。

按照我们之前想象的那个比例，人类的历史与地球的、生命的相比，都不过就是一瞬间的事情，任何一场大规模的灾难都能将我们辛苦创建的文明付之一炬。在迎来最终的灭亡之前，为了更好地生存下去，所有生物都要时刻面对着各种各样的难题，其中当然也包括人类！

鲨鱼

熊猫

鳄鱼

恐龙

蜻蜓

银杏树

三叶虫

海藻

细菌

地球上生活着数以亿计的不同生物，而其中很多都比人类更加古老

丰富多彩的生命啊!

不论是在海洋中还是在陆地上,地球上的每一个角落都留下过生命的痕迹。人类为大自然所创造的一切深深着迷,曾几何时却苦于无法更系统、更全面地了解它们。于是,当卡尔·林奈所创建的分类系统问世时,被困扰了许久的人们欣喜若狂。这位自恋又小气的博物学家用一生来完善的分类体系,被人们沿用了将近一个世纪!

给各种各样的生命贴上标签

在维多利亚时代,收藏家们从世界各地采集了很多动物和植物的标本,这一大堆东西给人们带来了庞杂的新信息的同时,也给人们造成了巨大的麻烦——将这些新信息一一整理归

我和狗都属于哺乳类动物!

档，并与已知的信息进行比较，需要耗费大量的时间、人力与物力，这可不是一个人说完成就能完成的。世界亟待建立一个可行的分类体系，对一切进行清理和命名。

18 世纪 30 年代初，瑞典植物学家卡尔·林奈（后来改名为冯·林奈）开始使用他自己发明的体系，为当时世界上已经发现的动植物种类编制目录，并从此声名鹊起。在这之前，

植物的名字可谓又长又复杂，比如一种普通的酸浆属植物竟然被叫作 Physalis ammo ramosissime ramis angulosis glabris foliis dentoserratis，而林奈把它缩短为 Physalis anguulata（灯笼草），这个名字至今仍在使用。

另外，在植物的名称没能得到统一前，很多植物学家都被各种花里胡哨的称呼搞得一头雾水，比如 Rosa sylvestris alba cum rubore, folio glabro 就不太能确定是不是别的植物学家称为 Rosa sylvestris inodora seu canina 的同一种植物。后来，在分类时，林奈干脆就将这个名字大刀阔斧地砍作了 Rosa canina（狗蔷薇）。

林奈分类体系可以说是极富魅力的，它大大提高了分类整理的效率。随着林奈分类系统的地位牢固确立，我们很难再想象出还能有别的体系取代它。

太乱了，该怎么整理呢？

花一生时间，做一件事情

我写的书更清楚！

在卡尔·林奈之前，分类体系是极其随意的：动物的分类标准可以是野生的或家养的、陆生的或水生的、大的或小的，甚至是长得漂亮的、高尚的或者是平平无奇的。著有《自然史》的布封曾根据动物对人类的用途大小而进行分类，几乎没有考虑到解剖学上的特点。而与布封恰恰相反，卡尔·林奈按照显著的生理特征来对每一种动物进行分类，并把这项工作当成了自己毕生的事业。当然，给动植物分类可远没有听上去那样简单——这还要感谢卡尔·林奈那神奇的天赋，让他总能发现一个物种的显著特点。总之，多亏了卡尔·林奈，分类学——分类的科学——再也没有走过回头路。

卡尔·林奈花费了相当长的时间来给世界上已知的那些动植物取名。他的著作《自然体系》（第一版）于1735年面世，当时这本书只有薄薄的14页。但是，随着研究的深入，这本书也越印越厚，到了第十二版已经扩展到了3卷，长达2300页。直到卡尔·林奈去世之前，他已经命名或记录了差不多13000

种动物和植物。当然，也有别人的著作比他的更全面，比如约翰·雷的《植物通史》，仅植物就有 18625 种。但是，为什么《自然体系》的名气却比这本书要大得多呢？因为卡尔·林奈所写的具有无可比拟之处：连贯、有序、简洁、及时。

卡尔·林奈也取得了许多别的成就。比如，他认为鲸与牛、鼠以及其他普通的陆生动物同属四足哺乳动物这个目（后来又改名为哺乳动物），这种观点超前于他那个时代，在他之前还没有人这么做过。

自恋又小气的卡尔·林奈

卡尔·林奈并不是完美的人。在杰出的博物学家这个身份的背后，真正的卡尔·林奈非常热衷于追名逐利，他会花大量的业余时间来美化自己的肖像，"谦逊"地认为自己是"绝无仅有的伟大的植物学家或

知识链接

众多生命的家园：亚马孙热带雨林

亚马孙热带雨林有着"世界动植物王国"的美誉，它是世界上现存面积最大的热带雨林。亚马孙热带雨林主要分布在地球的赤道附近，大部分在巴西境内，这里终年气候炎热，降水丰富，地球上有半数以上的生物都生活于此，比如美洲虎、凯门鳄、水豚、犰狳、食蚁兽、森蚺、水虎鱼、巨骨舌鱼、电鳗、寄生鲶、箭毒蛙、子弹蚁、行军蚁、蓝闪蝶、含羞草、棕榈树、百香果树、金合欢树等。另外，亚马孙热带雨林中仍然存在着一些与世隔绝的原始部落，其成员几乎不与现代社会接触。

这里是野生动物的乐园！

动物学家"，甚至计划着要在自己的墓碑上刻下"植物学王子"的墓志铭，并且深深沉迷于用各种奇奇怪怪的词汇来命名动植物或它们的一些部位。除此之外，卡尔·林奈还相当小气和记仇，如果有谁胆敢质疑他上述的那些说法，他就用谁的名字去命名野草。当然，卡尔·林奈的缺点还不止这些。他非常容易轻信水手和旅行家的描述，未经考证就在自己的作品中写下了各种各样的怪物，比如一种会用四肢走路、不会说话又长着尾巴的野人。

061

为什么总能发现新生物?

　　人类已经在地球上存在了 200 多万年,在这漫长的光阴中,很多曾与我们的祖先一路同行的物种都湮灭在了历史的尘埃中。生命真是个神奇的东西。当我们哀叹于未曾见过的物种的灭绝时,大自然总会贴心而适时地给我们送来一些惊喜——从未发现过的新物种。据科学家估计,地球上还存在多达 97% 的动植物没有被发现!

写不完，也数不清

原来，卡尔·林奈只计划分三个界：植物界、动物界和矿物界（后来这种分法渐渐被废弃不用了）。他又把动物界分成六个类：哺乳动物类、爬行动物类、鸟类、鱼类、昆虫类和蠕

虫类，凡是不能放在前五类的都归入第六类。但显然用今天的眼光再去看，他的构想难以令人满意。在他之后，科学家在林奈分界的基础上又增加了三个新的界：包括细菌的无核原生物界、包括原生动物和大多数水藻的原生生物界以及真菌界。

显然，即使有了卡尔·林奈的贡献，人类还是无法知道世界上到底存在着多少种生物。如果你走进森林中，随手抓一把泥土在手里，这里面可能就会有多达 100 亿个细菌，而其中会有很多是科学界不知道的。也许，你手里的这些泥土中还会存在大约 100 万个胖胖的酵母菌和大约 20 万个长着绒毛的霉菌，以及大约 1 万个原生动物。除此之外，你还有机会发现各种各样我们叫不出名字的小虫子。

　　但是，我们不需要为无法认识所有生物而感到遗憾，因为随时能在地球上发现新事物，不失为一件可以为我们带来惊喜的事情！

具体原因有哪些

　　这一节，我们就来说说为什么会有那么多生物还没被发现。

　　第一，有些生物实在是太小了，我们用肉眼根本看不到。我们现在能确定的是，地球上存在的大多数生物都长得非常小。举两个例子：当你抖床垫时，也许会有大约 200 万个微生物被抖落下来；当你拍打枕头时，可能有差不多 4 万个微生物会被拍落。这些小小的微生物以你的皮脂和皮屑为食，从你的祖先开始就已经与人类相随相伴。

　　第二，我们根本就没找对地方。众所周知，寻找东西是一件需要依靠运气的事情。有位植物学家只是花了几天的工夫，在婆罗洲的一小片树丛中走了走，就发现了 1000 种新的开花植物！发现新生物并不难，只是很多地方还没有人去那里找过。

第三，愿意去寻找的人太少了。想要发现新物种，得花费很多时间在寻找、研究和记录上，愿意干这种工作的科学家简直少得可怜！以吸满这种鲜为人知的微生物举例，你知道吗，在过去几乎所有关于它的已知种类，都是由一位叫作戴维·布莱斯的业余人员发现的。实际上，就连真菌这种无处不在的重要生物，也没有引起人们的多大重视。

知识链接

向鸭嘴兽道歉的恩格斯

在研究生物界的物种分类时，恩格斯曾断言道："在生物界，凡是胎生的都是哺乳类，非哺乳类的都是卵生的。"但不久之后，人们就发现了鸭嘴兽，这是一种非常奇特的哺乳动物，以至于很多科学家一开始并不相信它是真实存在的。鸭嘴兽虽然属于哺乳动物，但和爬行动物一样是下蛋的。后来，恩格斯专门写了一篇文章向鸭嘴兽道歉，文中提到："由于本人知识有限，又主观武断，使你遭受了这不白之冤，我在此谨向你表示歉意。"

第四，世界太大了，我们没办法走遍全世界的每一个角落。由于现在越来越便捷的交通，我们会误以为世界其实没有想象中的那么大——这是错误的！世界其实大得很，并且充满了五花八门的新奇事物，有时候科研人员需要走过很多地方，才能发现两个相似物种的不同之处——有时候，这个不同之处是普通人根本发觉不了的。

令人赞叹的细胞

生命开始于1个细胞。1个细胞分裂成2个细胞，2个细胞又分裂成4个细胞，4个细胞又分裂成8个细胞……就这样循序渐进，等到你的身体攒够了140万亿个细胞以后，你便准备好成为一个人了。当然，细胞可不会长长久久地和你待在一起，尤其是脑细胞——每隔1个小时，你就会失去500个脑细胞！

实际上，你的脑袋里每时每刻都有脑细胞在死去

我得多补充点营养，让脑细胞死得慢一点儿！

为你尽心服务的细胞

对于你的细胞来说，你是没有任何秘密可言的！它们对你
非常了解，甚至比你自己还要了解你。你身体里的所有细胞都
知道自己该干些什么事情，该完成什么样的工作，而且就连其
他任何一样工作，它们也清楚得不能再清楚了。不管什么时候，
你都不必去提醒任何一个细胞，随时去注意你身体里的情况，
或者叶酸该放在哪个地方储存。它们默默地为你做着无数件事
情，就为了让你活下去。

你的细胞是一个有着1亿亿个公民的国度。它们各司其职，发挥着自己的特长，全心全意地照顾着你的身心。为了让你快乐，它们让你产生了思想。你之所以可以跑跑跳跳、伸伸懒腰，也有赖于它们的牺牲。在你吃东西的时候，它们会一刻不停地汲取营养，向身体各部位派发能量，并帮助你排出废物。哦，对了，你能感到饥饿，也是因为它们在提醒你该吃饭了，你身体里储存的养分不够了。并且，如果你的生命受到了威胁，它们也绝不会袖手旁观，它们会马上挺身而出来保护你，毫不犹豫地为你做任何事情。

你知道吗，你身体里的每一个细胞都是这样的，它们为你而生，又为你而亡。所以，为了不浪费细胞的付出，请你抓紧每一分每一秒，去好好地生活吧！

一去不复返

一种名为三磷酸腺苷（xiàn gān）的分子，也就是 ATP 分子，为你全身上下的所有细胞活动提供了能量。它就像你身体里的一组组小电池一样，帮助你的身体能够正常地运转起来，让你能站能坐、能跑能跳。你体内的每个细胞都拥有大约 10 亿个 ATP 分子，但这只够细胞撑过 2 分钟，然后这些 ATP 分子就会被全部消耗掉，接着又有大约 10 亿个新 ATP 分子接替它们的位置。你想要了解 ATP 分子工作有多积极吗？那就动手摸一摸你的皮肤吧！之所以你能感受到这种温热的感觉，就是因为你身体里的 ATP 分子在不断地消耗并更新。

当然，单靠 ATP 分子你是根本活不下去的！在 ATP 分子牺牲的同时，你的细胞也在一刻不停地死去。不管你的细胞有多喜欢你，它们也无法在你的身体里停留太长的时间。据研究表明，大多数细胞的存活时间都不超过 1 个月——脑细胞例外。当你出生时，你的大脑里就已经存在着差不多 1000 亿个脑细胞，不出意外的话，这就是你一生中所能拥有的全部脑细胞了！不过，虽然它们不会像其他细胞那样生生死死、死死生生，但它们的组成部分也会不断地更新。纵观你的全身上下，实际上没有一个组成部分能够真正地存在 9 年以上的时间。

当细胞没能按指令死去

当一个细胞不再被我们所需要时，它绝不会对人体恋恋不舍，而是以堪称高贵的方式死去。将要死去的细胞会拆下所有支撑它的支柱和拱壁，并不动声色地吞噬掉其组成部分——我们把这个过程称为凋亡或者程序性细胞死亡。事实上，当细胞没有收到继续活下去的指令时，它就会自己杀掉自己。除此之外，也有一些特殊情况，比如当你不小心被感染时，你的细胞也可能会因此暴死。

有时候，你的身体里会有一些不平常的事情发生—— 一些细胞不仅没有按指令死去，反而飞速地分裂和扩散——这种极其特殊的情况被我们称为癌症。就现实情况来看，细胞经常会犯这种错误，但为什么不是每个人都会患上癌症呢？这是因为我们的身体构造极其精妙，它具有一种能够纠正这种错误的复杂机制，只有相当偶然的机会，才会有细胞失去控制，成为漏网之鱼。

平均来说，要经过每 10 亿亿次细胞分裂，人才会得一次致命的疾病。无论从什么意义上来说，患有癌症的人，其实都是运气不好的人。

我得再分裂几个！

你们冤枉好人啊！

达尔文是怎么想的？

如果没有踏上那次惊险的航行，达尔文本应该成为一名普普通通的乡村牧师——当然，如果你能忽视他对蚯蚓的喜爱已

经到了无以复加的程度。在这场漫长的旅行中，达尔文不仅收获了丰富的见闻与广阔的眼界，也将就此锻炼出来的冒险精神贯穿了自己的一生。生命从何而来？生命又因何而变化？随着《物种起源》的面世，人们就快要知道了……

一次改变人生的旅行

达尔文在自己人生的前半段过得并不顺利，可谓是"差生"的"典范"。达尔文出生在一个富裕的家庭中，他的父亲是一位受人尊敬的内科医生，他的母亲在他年仅 8 岁的时候就去世了。从小到大，比起读书识字，达尔文更愿意打猎枪、和狗玩、抓老鼠。尽管他不止一次表现出对博物学的兴趣，但他的父亲还是执意将他送到了爱丁堡大学学医。这次求学经历给达尔文带来了很大的精神创伤，不出意料地，最后他只勉强地从剑桥大学获得了一个神学学位。

就在达尔文准备成为一名乡村牧师时，命运给了他一次改变人生的机会——"贝格尔号"考察船的船长邀请他一同出

让你们先跑一会儿！可别说我欺负你们！

航。于是，22岁的达尔文就此拉开了他非凡一生的序幕。达尔文在考察船上从1831年一直待到了1836年。在这趟充满了困难和辛苦的旅行中，他发现了许多珍贵的大型化石，其中包括迄（qì）今为止最为完好的大地懒属。他还找到了一种新的海豚，并对整个安第斯山脉做了翔实的地质考察，提出了一种关于珊瑚礁成因的新理论。等到1836年，达尔文重新回到家乡时，他已经27岁。

生存是一场没有硝烟的战争

在结束这次远航后，达尔文再也没有离开自己的家乡。在故土上，达尔文开始整理自己采集的标本，并思考关于自然选择的事情。他认为生命是一个持续不断的竞争的过程，自然选择决定了哪些物种会繁荣，哪些物种会衰败。属于繁荣物种的上一代会将自己的优势传给下一代，以保证它们能在争夺生存资源时获得胜利——通过这种方式，物种就可以得到不断的完善。

"适者生存"这个词可不是我发明的！

至于那些衰败的物种，未来等着它们的就是渐渐消失。但他的这些想法一开始并没有形成系统的理论，而是经过一段时间后，在 1842 年，达尔文才开始简略地提出了他的新理论。

值得一提的是，虽然达尔文详细地描述了"适者生存"的概念，但他并没有使用这个词。"适者生存"最早出现在赫伯特·斯宾塞的《生物学原理》一书中——这已经是《物种起源》发表后的第 5 个年头。而且，达尔文一开始也没有使用"进化"一词，这个词得等到《物种起源》第 6 次印刷的时候才出现。

达尔文与《物种起源》

　　很多人会误以为达尔文学说中最重要的观点是人类是由猿进化而来的，但实际上这并不准确——达尔文只是顺便提了一下这点而已。在当时，欧洲的思想正受到宗教的统治，大多数人坚信地球上的一切生物都是由上帝创造出来的。达尔文太清楚自己的理论一旦公布，将引起怎样的狂风暴雨！但就在他决定将自己的手稿永远锁在抽屉里时，命运和他开了一个玩笑：一个名叫阿尔弗雷德·拉塞尔·华莱士的年轻人给他寄来了一份论文草稿，这份草稿提出的观点与达尔文未发表的手稿中的观点非常相似，甚至里面有些语句跟他写的如出一辙（zhé）。于是，达尔文只好发表了自己的作品。

　　1858 年 7 月 1 日，达尔文和华莱士的理论被公之于世，果不其然在国内掀起了轩然大波，他们也受到了许多宗教人士的强烈抨击。实际上，达尔文甚至终其一生都被自己的观点所困

我可从来都没说过人类是猴子变的。

知识链接

"鸠占鹊巢"的布谷鸟

在每年的春夏之交，我们常能在山中听见一种婉转而悠扬的鸟鸣声——发出这种声音的正是我们熟悉的布谷鸟。布谷鸟并不愿意亲自抚养孩子，所以它们经常会把自己的蛋生在别的鸟的巢中，让别的鸟类代替自己喂养雏鸟。聪明而狡猾的布谷鸟会事先叼走巢中原有的一个蛋，再在很短的时间里产下自己的蛋，让鸟巢的主人对发生的事情浑然不觉。而布谷鸟的雏鸟破壳而出后，也会毫不客气地将巢中原来的蛋和雏鸟都一一拱出去，自私而冷血地霸占自己养父母的全部关爱。

扰。1859 年，达尔文将自己的手稿扩充为《物种起源》并出版。1871 年，他又发表了《人类的由来》一书，说明了人类与猿的亲缘关系。但奇怪的是，《人类的由来》却并没有像《物种起源》那样引起很大的轰动，也许这时候的人们已经准备好知道：我们是从哪里来的？我们到底是怎么来的？

孟德尔的豌豆杂交实验

  我们总能在孩子的身上找到他亲生父母的影子，在生物学上，人们管这种亲代传递给子代相似性状的现象叫遗传。但是，一个物种上一代所拥有的明显特点，为什么有些会遗传给下一代呢？为什么它们不会在传递途中渐渐淡化或者消失呢？这些

连达尔文都没能搞懂的问题，却在《物种起源》发表 7 年后，被一个叫格雷戈尔·孟德尔的人找到了答案。

《物种起源》的缺陷

如果你认真地读了这本书的前半部分，那么你一定会对我接下来要讲的事情深有体会，那就是即使再完美无缺的理论，也会有它的时代局限性——当然，达尔文的进化论也绝不例外。虽然达尔文将自己的著作起名为《物种起源》，但他无法解释物种是怎样起源的，他只是暗示大自然中存在着一种机制，可以使一个物种怎样变得更强、更好或更快。

在《物种起源》中，达尔文曾不止一次提及，他对"遗传"和"变异"的了解并不充分。在他生活的那个时代，自然科学的发展水平是非常有限的，这导致了很多科学家没有办法像今天一样可以使用先进的实验器材，以及得到更客观的实验数据。因此，达尔文的《物种起源》中存在着诸多无法忽视的缺陷。但是，这并不代表达尔文进化论是错误的，恰恰相反，之后我们发现的许多证据都在强有力地支撑它。

在达尔文的《物种起源》发表 7 年后，

远在千里之外的奥地利，有一个名叫孟德尔的奥地利修道士通过豌豆的杂交实验，发现了"遗传因子"——它的存在，很好地解释了为什么生物在杂交之后，其性状仍然能一代代地被保留下来。孟德尔在遗传学上的重大发现，恰好弥补了达尔文进化论中关于遗传原理的缺陷。尽管孟德尔不是"基因"这个词的发明者，但实际上，遗传学的确就是由他创建的。

乡下的修道士和他的豌豆

时间倒退回 19 世纪的上半叶，一个叫格雷戈尔·孟德尔的小孩儿出生在奥地利帝国（现属捷克共和国）。他的父母都是搞园艺的贫苦农民，一家人在一个偏僻的小镇上，生活过得紧巴巴的。受到父母影响，孟德尔从小就对花花草草非常感兴趣。

长大后的孟德尔进入修道院，成了一名沉默寡言的修道士，并在当地的一所中学教授自然科学。不久后，他又进入维也纳大学深造，主修自然学和数学。有些书中会片面地将孟德尔描述成一个住在乡下的修道士，但你知道吗，他所工作的布尔诺修道院在当时可是一个相当有名的学术机构！这所年代悠久的修道院拥有一座藏着 2 万册图书的图书馆，并具有严谨的科学研究的传统。

在筹备自己的豌豆杂交实验前，孟德尔花了将近两年的时间来选择自己的实验对象——7 种不同的豌豆。在确定自己种下的是纯种后，孟德尔和他的两位助手开始反复种植这些豌豆，并将其中的 3 万株进行杂交。无数个日日夜夜就这样过去了，他们打起十二分精神，以确保每一个步骤都是准确无误的。为了防止意外授粉，他们还要认真地记录每株豌豆的生长过程，观察它们的种子、豆荚、叶子、茎和花出现了哪些细微的差别。

豌豆的贡献

孟德尔之所以会把豌豆当作自己的实验对象，主要是因为它的生长速度极快，并且它还具有很多比较明显的特点，比如它的颜色和形状。孟德尔花了整整 8 年的时间来研究豌豆，通

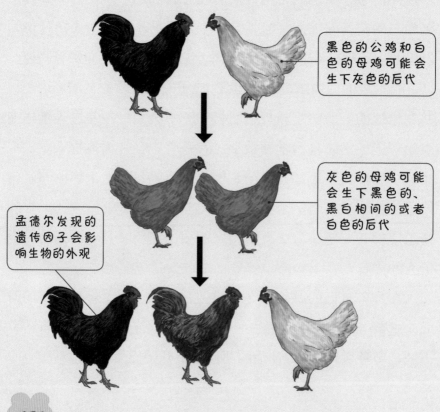

黑色的公鸡和白色的母鸡可能会生下灰色的后代

灰色的母鸡可能会生下黑色的、黑白相间的或者白色的后代

孟德尔发现的遗传因子会影响生物的外观

过无数次的比较，他终于发现了"遗传因子"的存在——每颗豌豆的种子都有两种"遗传因子"：一种是显性基因，一种是隐性基因。当两种"遗传因子"相互结合时，就会出现可以预料的遗传形式。于是，他将这种结果转换成了精确的数学公式，还在花卉、玉米和其他植物身上做了相关实验来印证自己的结论。

可惜这位植物学家生不逢时，即使他于1865年在布诺尔自然学会的会议上发表了自己的研究成果，也没能引起植物学界的太大注意。这导致本该有更大建树的孟德尔从此放弃了遗传学的研究，灰心丧气地回到了他的修道院，并开始一面种植良种蔬菜，一面从事蜜蜂、老鼠、太阳黑子等事物的研究。后来，可怜的孟德尔终于得到了一点儿补偿——他被推选为修道院的院长。

直到1900年，世界才承认了孟德尔在遗传学上的巨大贡献，并将他的名字与达尔文放在一起——他们二人共同为20世纪的生命科学奠定了基础。

困扰人类的
DNA 之谜

咱们俩是亲戚！

DNA 是"生命的链条"，它由 4 种化学成分组成，像密码一样守护着生命的秘密。DNA 虽然不是生命，也不能独立于生命存在，但它与生命之间却是息息相关、无法割裂的。还记得刑侦剧中法医是如何取证的吗？他们会从干涸了很久的血迹中提取出 DNA，来帮助警察抓捕嫌疑人。这是因为每个人的 DNA 都是独一无二的，即使是一对长得很像的双胞胎的 DNA 也不完全一样。

所有人类都是同一个物种

如果我们把人类与香蕉放在一起比较，你一定找不出二者之间有什么共同点，这没关系，因为二者的共同点被藏得很深——香蕉里面发生的化学作用，大约有一半和人体内发生的相同。从某种程度上来说，人类与植物有着无法忽略的亲缘关系。也许这听起来有些荒谬，但你千万别忘了，地球上的所有生命都来自同一个祖先！

当然，比起香蕉，你和世界上的所有人类长得更像，因为人类作为一个物种，其中所有成员的基因大约有 99.9% 是相同

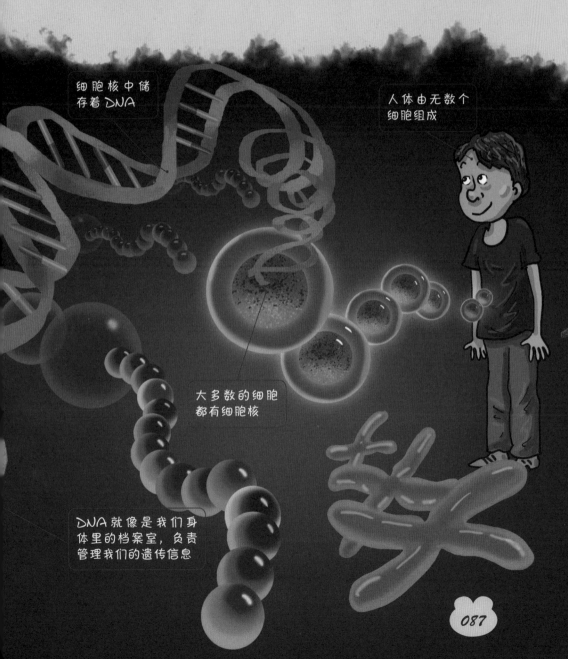

细胞核中储存着 DNA

人体由无数个细胞组成

大多数的细胞都有细胞核

DNA 就像是我们身体里的档案室，负责管理我们的遗传信息

的。那么，既然说到这里了，你知道基因到底是什么吗？在你身体的1亿个细胞里，每一个都有细胞核，而每一个细胞核里又有23对染色体；在你的每一对染色体中，一条来自你的父亲，另外一条来自你的母亲；每一对染色体都含有一种名为脱氧核糖核酸的物质，也就是我们俗称的DNA。而那些带有遗传信息的DNA片段就是基因，在这里面，我们能找到生命的种族、血型、孕育、生长、凋亡等过程的全部信息。

实际上，令人不可思议的是，人类的基因数量和野草的差不多，都在20000～25000，但人类和野草从外表上几乎找不到任何共同点。显而易见，基因的数量并不能决定什么，真正重要的是它们在你的身上发挥了什么作用——也正因如此，即使分隔了十万八千里，生活在完全不同的两个地方上的人类，仍然会长得很相似。

发现 DNA 的结构

尽管 DNA 是在 1869 年被发现的，但当时人们还没有完全意识到它究竟有多么重要。直到 1943 年，DNA 才第一次被证明在决定遗传方面起到了关键的作用。两位科学家——沃森与克里克，认为只有搞清楚 DNA 的形状，才能明白它是如何工作的，于是他们将卡纸板剪成了自己想象中的样子并进行组装。

随着模型的制作完成，他们发现 DNA 很像一座螺旋型的旋转楼梯。1953 年，沃森与克里克将他们发现的 DNA 的双螺旋结构公之于众，这个了不起的发现被刊登在了一本叫《自然》的杂志中。为了表彰他们二人的突出贡献，沃森和克里克共同被授予了诺贝尔奖。

DNA 与蛋白质

DNA 存在的目的，就是制造更多的 DNA。如果可以将你身体里的 DNA 抽出来，你会发现它们可以连成长达大约 200 亿千米的生命链。虽然说出来你可能不会相信，但是几乎你的每一个细胞里面真的都挤着将近 2 米的 DNA，虽然这些 DNA 中真正能起作用的不过只有那长度占大约 3% 的片段。

　　人们认识到蛋白质的作用，要比认识到 DNA 的作用早得多。人们在很早之前就已经知道 DNA 的存在，却不知道它究竟对人类有多重要。直到后来，人们才发现 DNA 并没有想象中的那么无能，它负责指导生命体内蛋白质的合成——蛋白质可是组成人体一切细胞、组织的重要成分。但是，蛋白质在细胞核之外，DNA 究竟是怎样指导它们的合成的呢？这时候，该轮到核糖核酸（俗称 RNA）这种物质登场了，它会充当起蛋白质和 DNA 之间的"翻译"，与核糖体这种物质一起，将细胞里的 DNA 发出的指令准确地传达给蛋白质，让它可以照着指令行动。

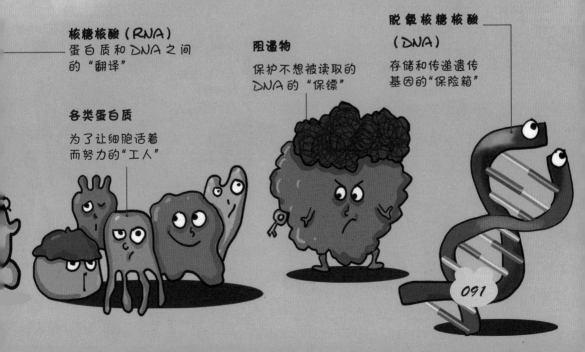

核糖核酸（RNA）
蛋白质和 DNA 之间的"翻译"

各类蛋白质
为了让细胞活着而努力的"工人"

阻遏物
保护不想被读取的 DNA 的"保镖"

脱氧核糖核酸（DNA）
存储和传递遗传基因的"保险箱"

091

最好，也最坏：
冰河时代

在很久以前，地球经历了所谓的冰河时代（又称冰川时期）。那个时候，地球到处都覆盖着厚厚的冰雪，大部分淡水都凝结成了冰，很多生物因为受不了这样的严寒而走向了灭亡。实际上，

现在的天气真是太冷了！

真希望明天是好天气！

我们现在也处在冰川期的一个阶段里，只不过是天气比较暖和的间冰期。对于地球来说，迎来冰川期绝不会是件坏事，因为绝境中总会有奇迹发生。

定时出现的冰川期

为了能生存下去，我们需要一种不太冷又不太热的气候——你知道的，人类其实非常脆弱，过冷或过热都有可能导致我们

生病，甚至死亡。但实际上，地球也并不总是像现在这么暖和，让我们可以生活在这样适宜的环境中，在很久之前它曾经历过很多次所谓的冰河时代。

大约 22 亿年前，地球出现了第一次大规模的冰川期，接着气候转暖，气温回升，又迎来了差不多 10 亿年的温暖期；之后，冰川期出现得越来越频繁，规模也变得越来越大，进入了所谓的"雪球世界"时期；然后，大约 1.2 万年前，地球又开始转暖，并且气温回升得特别快；再往下，酷寒期再次降临，并持续了1000 年左右；最后，时间来到了现在，虽然地球仍处在冰川期中，但我们生活在一个比较暖和的时段，气候没有之前那么严酷——说不准不久之后，我们也要经历一个漫长的寒冷期了。

离我们最近的几次冰川期的规模都比较小，但用现在的标准去衡量，它们的体量还是非常大的。曾经覆盖在地球上的积雪与冰盖，将大陆压得下沉了许多，即使在它们褪去了10万多年以后，陆地的有些部分仍没有回浮到原来的位置上去。

温室效应让未来不可预料

就在大约2万年前，那时地球正处于上一个冰川高峰期，气候非常寒冷，许多本该流动起来的水却在大部分时间里都处于冰冻状态。当时，地球上30%的陆地面积都被冰雪所覆盖，并且至今仍有那个时代留下来的冰雪尚

真冻手啊！地球上怎么到处都是冰？

未融化掉。总的来说，在人类有了历史以后，地球的温度一直都是比较高的，并且实际上我们已经习惯了与永久性冰川相处，也不会把冬天下雪视为一件神奇的事情，但这些都是地球在经历冰川期的证据。

近些年来，因为种种原因，地球产生了温室效应。温室效应指的是，由于环境污染而引起的地球表面变热的现象。很多人很自然地认为，温室效应所带来的全球变暖会延缓地球重返冰川状态的时间，让不能适应低温的生物可以晚一点儿灭绝。

冰河时代的动物们

在冰河时代，地球上曾出现过许多长相奇怪的动物，比如猛犸象、乳齿象、剑齿虎等，也出现了一些至今仍在活跃的动物，比如美洲野牛、驼鹿、麋（mí）鹿、野马等。其中，乳齿象和猛犸象都是大象的近亲，猛犸象可以用灵活的象鼻来卷起食物，乳齿象可以用它那又长又尖的獠牙攻击猎食者；而常常在影视作品中出现的剑齿虎，虽然和老虎一样是大型猫科动物，但它并不是老虎的近亲。

然而，事实真的会如他们所料的那样吗？要知道，全球变暖导致了南北两极大量的冰盖和积雪融化，全球海平面与过去相比至少升高了 10 厘米。有科学家推算，如果地球上的所有冰盖都融化了，那么全球海平面将会上升近 60 米，也就是 20 层楼那么高！或许真如那些人所想的，地球受到温室效应的影响会推迟进入冰川期，但估计还没到那个时候，大陆就已经几乎被海水淹没了。

神神秘秘的两足动物

　　众所周知，人类是从第一批陆地动物演变而来的，但这批动物直到现在仍是一个解不开的谜：它们长什么样子？以什么为食？又是怎样繁衍后代的？在过去，很多考古学家曾一度热衷于满世界寻找人类祖先的遗骸，并为它们命名。但也多亏了他们，随着越来越多的化石被发现，我们开始认识到自己到底是从哪里来的了……

人类祖先的遗骸

嗨，爪哇人就长我这样！

在 1887 年的圣诞节前，一个叫作马里·尤金·弗朗索瓦·托马斯·杜布瓦的荷兰年轻人，凭借一种直觉来到了苏门答腊岛，就为了寻找地球上最早的人类遗骸。而他当时根本没有想到，他将发现的东西会有多么不可思议！

杜布瓦找来了 50 名犯人，开始了漫长的寻找工作。他们不停地挖来挖去，从苏门答腊岛一路挖到了爪哇岛，并终于在那里找到了一块古人类的头盖骨化石——可惜，这块化石并不完整，只是一部分碎片而已。尽管这块化石并没有显示出多少与人类脑袋相似的地方，但比起任何类人猿，显然这块化石的主人拥有更大的大脑。杜布瓦将这块化石的主人叫作"直立人"，但当时也有人称之为"爪哇人"。

聪明人的想法，咱们不懂。

等到第二年，杜布瓦的团队又挖到了一根完整的大腿骨——惊喜来了，这根骨头和现代人类的非常相似！杜布瓦由此推断出，类人猿已经学会直立行走。不仅如此，他甚至只用一小块头盖骨碎片和一颗牙齿，就还原

出了一个完整的类人猿颅骨的模型——这个
模型后来得到了众多考古学家的肯定。

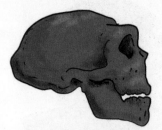

尼安德特人的头骨

挖！挖！挖！

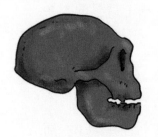

直立人的头骨

能人的头骨

南方古猿的头骨

人类对挖自己祖先骸骨这件事有着极高
的热情。1924年年末，在非洲卡拉哈里沙漠
的边缘地带，考古学家发现了一个不完整的
头骨化石。后来，经过系统的研究，考古学
家发现这个头骨化石的主人是一个小男孩，
他生活在约200万年前，死亡的时候大概只
有7岁。并且，这个头骨的化石保存有部分
颅骨、面骨、下颌骨和完整的脑模。考古学
家还发现了这块化石的主人与直立人是不同
的，它比直立人要更像猿人，于是把它命名
为"非洲南方猿人"，或者你也可以叫它南
方古猿非洲种。

没过多久，一位加拿大业余考古爱好者
来到了中国的周口店，并在当地的龙骨山山
洞里发现了一颗臼（jiù）齿化石，然后仅凭
这个，他就立刻对外宣称自己发现了一种生
活在中国的新的古人类——北京人。1929年
12月2日，中国学者裴文中在此地发掘出了

我是古猿，生活在森林里的我是人类进化的起点。

我开始用双腿走路啦！

在很久很久之前，随着自然环境的变化，我不得不来到地面上生活。

古人类化石保留了猿的某些特征。

第一个完整的北京人的头盖骨化石，但这个珍贵的化石却被日军抢夺，并在转移途中下落不明，成了历史上的一桩谜案。

随后，人们又接连发现了越来越多的古人类化石，比如奥瑞纳人、特兰斯瓦尔南方古猿、巨齿傍人、鲍氏东非人

知识链接

奇异的"墨西哥跳豆"

当然，人类的好奇心不会只局限在挖自己祖先的骸骨上，我们对一切超乎认知的东西都感兴趣。曾几何时，一种名为"墨西哥跳豆"的植物闯进了人们的视野——身为植物，它竟然会像动物一样跳来跳去！后来，人们剖开了豆子，发现里面竟然住着飞蛾的幼虫。这些幼虫从小便寄生在豆子里面，它们会紧紧抓住豆子内壁，然后迅速地向上躬身，借助惯性使豆子跳起来。不过，"墨西哥跳豆"一般只能跳上两个月，因为里面的幼虫很快就会咬破豆子，化作飞蛾飞出来。

等。到了 20 世纪 50 年代，有名字的人科动物已经高达 100 种以上！但是，其中还要属非洲南方古猿最特别，因为在它出现后的 500 万年里，它成了那个阶段世界上最主要的人科动物。

猿与人类之间：露西

在 20 世纪 70 年代，考古学家在埃塞俄比亚发现了一具阿法南方古猿的骸骨，并为此化石取名为"露西"。人们根据化石上所呈现出的损伤，推断出她极有可能是因为不小心从树上跌落而摔死的。

露西不仅是人类最著名的女性祖先，她的发现也进一步证明了"人类起源于非洲"这一假说。经过多番考证，人们认为露西曾生活在距今大约318万年的时代，她身高约1.1米，是一位既能直立行走又会爬树的女性猿人。并且，迄今为止，露西是世界上历史最悠久、保存最完整的古人类化石之一，也是人类古生物学发展过程中名副其实的里程碑。

猿人与原始人并不一样，它们是人类进化的两个阶段

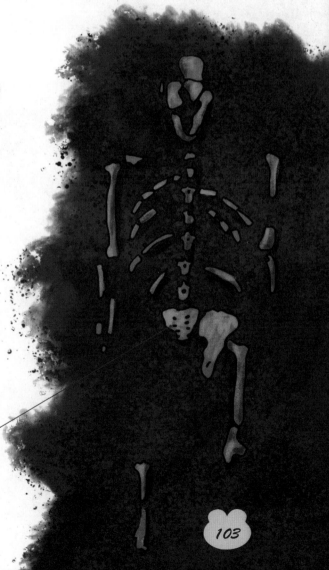

露西的骸骨并不完整，有的部分已消失了

103

制作工具的人科动物

大约 150 万年前的某个时候，一位来自人科动物世界的不知名的天才完成了一件出乎意料的大事：他先是捡起了一块石

头，又小心翼翼地改变了它的形状，最后竟然做成了一把泪珠状的手斧。尽管这把斧头与今天的相比依然非常简陋，但明显优越于当时存在的其他工具——它算是世界上第一件先进的工具。

一个制造工具的天才

在原始社会中，古人类不仅生活在条件极差的环境中，还要时不时面对野兽和其他氏族部落的威胁。为了更好地生存下去，制造工具显

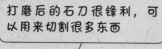
打磨后的石刀很锋利，可以用来切割很多东西

得非常有必要。石器作为古人类最重要的一种生产工具，当然是越实用越受到人们的欢迎了。因此，当这把泪珠状的手斧出现时，其他人一见到它的性能这么好，便按照那位发明家的做法制作起自己的手斧来。

这种前所未有的巨大热情所带来的结果就是，整个人科动物世界似乎没有别的事情可以做了——我们后来在世界各地发现了几千把这样的手斧文物。有考古学家说："他们制作斧子，仿佛单纯就是因为好玩儿。"这种手斧后来被称为阿舍利工具，这个名字来源于它的第一批样本的发现地——法国北部亚眠郊外的圣阿舍利。这里顺便提一下，在阿舍利工具出现之前，世界上还存在着更古老、更简单的奥杜威工具。

当然，除了石器，我们也在别的地方发掘出了很多骨器，而其中一大部分被认为是原始人的生活用品。值得注意的是，

骨刀　　　骨锥　　　骨针

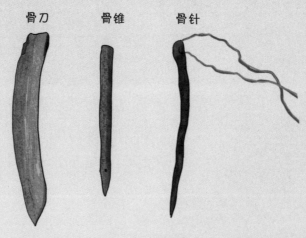

有些骨器在性能上明显优于石器，例如骨针、骨锥、骨刀等，考古学家推测它们极有可能被应用于当时的医疗活动。

没什么大用处的工具工厂

在东非大裂谷有个名为奥洛嘎萨里的古代遗址，它所在的地方曾是一个广阔的湖泊。考古学家在这座遗址中发现了很多原始工具，并推断这儿可能是古人类留下的一个工具工厂。制

知识链接

夏特克：是猩猩，也是人类

1977 年，一位名叫琳恩的人类学家将一只红毛猩猩从研究中心带到了田纳西大学。她将这只名为夏特克的幼崽视若己出，像养育人类的孩子一样，尽心尽力地去抚养它、教育它。聪明的夏特克很快就掌握了许多种美式手语，并开始可以与人类进行简单的交流。琳恩甚至帮助夏特克学会了使用工具，培养出了金钱的概念。但不幸的是，就在夏特克 9 岁那年，有一个学生向学校举报它出现了攻击行为。因此，夏特克被强制送回了研究中心，并被关进了铁笼子里。在一次探望中，琳恩问夏特克觉得自己究竟是猩猩还是人类，夏特克用手语回答："我是猩猩，也是人类。"2016 年，饱受抑郁症折磨的夏特克在亚特兰大动物园死去。

夏特克向世界证明了人科动物具有丰富的情感以及不凡的智慧。

作手斧用的石英石和黑曜（yào）石来自距这儿大约 10 千米以外的山里，古人类要把石料搬回工具工厂可不是件容易的事情，这将是一段非常漫长且艰辛的路。

古人类将工具工厂划分出了几个区域，有的用来制作手斧，有的用来把钝的斧子磨锋利。制作手斧并不简单，在当时，它可是一件相当精巧的工具，制作起来既费时又费事儿，得需要很多劳动力参与进来才行。即使工人们的技术已经锻炼得炉火纯青，制作一把手斧仍需要花掉几个小时的时间。但是，令人觉得有意思的是，这种斧头其实一点儿也不好用，无论是切、砍或刮，它都派不上什么大用处。在早期社会，这么多古人类聚集在同一个地方，花费了大量的时间，制作了这么多毫无用处的工具——这听起来多少有些不可思议，不是吗？

消失了的动物们

地球已经亲身经历过 5 次大规模的物种灭绝。奥陶纪与泥盆纪分别消灭了当时 80% ~ 85% 的物种，三叠纪和白垩纪分别消灭了当时 70% ~ 75% 的物种。这听起来是不是很可怕？但即使在那样恶劣的环境中，也有一些坚强的物种挺了过来，坚强地活过了一个世纪又一个世纪，而当人类接管地球后，它们却再无力抗争，消失在了地球上……

悲伤的渡渡鸟

我们不知道最后一只渡渡鸟是什么时候死亡的，也不知道它真正的死亡原因是什么，但是这个种群的灭绝有很大一部分原因在人类身上。把一种对我们根本没有危害的动物弄到灭绝的地步，这是一种无论如何都无法被原谅的行为。

关于渡渡鸟，我们所知道的就是它曾生活在毛里求斯，长得很丰满，是鸠鸽家族里个头最大的成员；它的肉不太好吃，但它

我也有！

的蛋和雏鸟很容易成为猪、狗和猴子的食物；它不会飞，只能在地上筑巢；它很笨，脑袋不好使，据说只要抓住一只，让它叫个不停，附近的渡渡鸟就会全都好奇地凑过来，看看究竟发生了什么事情。

如今，我们已经没有机会知道渡渡鸟究竟长什么样了，这要"归功于"英国牛津阿什莫利恩博物馆的馆长把渡渡鸟的标本扔到了火堆里——甭管是生是死，这的确是世界上仅有的一只渡渡鸟了，而他之所以会这么做，仅仅是因为他觉得这件标本有霉味。这听起来多么讽刺！1755年，渡渡鸟这个物种从地球上被彻底地抹去了。

人类的破坏力难以想象

说实话，谁也无法估量出人类到底有着多大的破坏力，在过去5万年的时光中，无论我们的足迹走到哪里，哪里的动物就会以惊人的速度消失。在北美洲和南美洲，当手持武器的人类到来后，有大约3/4的大型动物失去了踪迹；在欧洲和亚洲，即使那里的动物已经对人类产生足够的戒备心，但仍有1/3到

知识链接

扬子鳄

扬子鳄是中国特有的一种鳄鱼，也是世界上体形最小的鳄鱼品种之一。它栖息在中国的长江流域，曾经差一点儿就随着它的恐龙亲戚消失在这个地球上。

扬子鳄非常古老，在它的身上至今还保留着早期恐龙类爬行动物的许多特征，因而它也被人们称为生物界的"活化石"。虽然近些年来，扬子鳄这个温顺的物种得到了很大保护，但它的现存数量仍然是非常稀少的。

一半的大型动物灭绝了；而在澳大利亚，也有不少于95%的大型动物消失得无影无踪。你知道吗，即使在现代社会，有些人仅仅只是为了获得角和长牙这类血腥的战利品，享受凌驾于其他动物之上的快感，就会射杀几十万只无辜的动物！

在广阔的陆地上，这里曾生活过很多奇妙的动物，如果它们当初有幸能活下来，也许你会见到这样一个神奇的画面：庞大的地懒正往高楼的窗户里瞅，和小汽车一样大的乌龟横穿街道，6米长的巨蜥趴在公路旁晒太阳。当然，这些场景我们肯定都见不到了，因为至今活下来的大型陆地动物只剩下了4种：大象、犀牛、长颈鹿和河马。

在整个自然史上，物种会出现自然灭绝这种情况，但一般平均每4年才消失一个，而现在，人类造成物种灭绝的速度简直快得吓人，这个比例可能高达正常情况下的12万倍！对于其他生物来说，人类无疑是世界上最可怕且致命的动物了！

好运而残忍的人类

　　人类之所以能从远古时代一路走到今天，这里面多少带点儿运气的成分。但不可否认的是，偏心的大自然早已为我们准备好了我们想要的一切，让我们吃得饱、穿得暖，有安全舒适的地方可以落脚，而我们只需要动一动脑子就行。可是这份溺爱究竟能持续多久呢？当千疮百孔的大自然终于回过神来，又会做出什么样的选择呢？

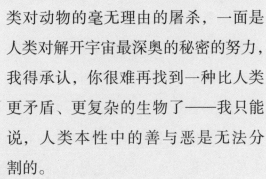

难以衡量
的善与恶

人类究竟想要什么？
没有人能回答这个问题。那
些曾经与我们一起走来的同
伴，都接二连三地消失在了地球的历史上，而我们看起来却始
终无动于衷，似乎把破坏地球当作了一种乐趣。

17世纪80年代，当埃德蒙·哈雷、克里斯托弗·雷恩以
及罗伯特·胡克三人正准备打赌时，远在千万里之外的毛里求
斯，最后一批渡渡鸟正被一个不知名的船员或是他的宠物捕杀。
数百万年的安逸生活，让笨拙的渡渡鸟无法理解人类这种不可
理喻的行为，它们除了被迫灭绝，早已别无选择。我们不知道，
究竟是牛顿的《自然哲学的数学原理》先出版还是渡渡鸟先灭
绝的，但这两件事情确实是发生在同一个时代里的。一面是人
类对动物的毫无理由的屠杀，一面是
人类对解开宇宙最深奥的秘密的努力，
我得承认，你很难再找到一种比人类
更矛盾、更复杂的生物了——我只能
说，人类本性中的善与恶是无法分
割的。

被破坏的大自然

人类一直在向大自然索求更多的东西，来让自己变得更好、更快，以至于经常忽视了那条危险的红线。从1850年以来，我们已经向大气层中排放了大约1000亿吨二氧化碳，每年还会增加70亿吨左右。地球自己会不会也制造二氧化碳？会的，并且比人类排放得还要多。每一年，大自然都要通过火山喷发、植物腐烂，甚至是山火，向大气层排放大约2000亿吨二氧化碳，这差不多是人类汽车和工厂排放量的30倍！但是，当你遥望不远处从烟囱里飘向城市上空的污浊气体时，就能明白人类的行为要比大自然的恶劣得多！

感谢地球上的海洋和森林，它们迄今为止成功地阻止了人类的自我毁灭。当人类试图靠近大自然定下的那条危险的红线时，我们总是能幸运地逃过一劫，但这并不代表我们每次都会有这么好的运气。如果有一天，大自然不再愿意为人类的行

为买单了，那么被它所惯坏的"孩子"将要面对的会是怎样的局面呢？令人担心的还有，随着全球气候变暖，很多不能适应环境变化的植物将会迎来死亡，到时它们身体里所储存的二氧化碳就会被释放出来——这样一想，问题似乎只会变得越来越糟糕。

一条没有尽头的道路

在茫茫的宇宙中，出现的任何一种生命都是一个了不起的奇迹，而我们作为人类出生，更是享有独一无二的生存特权。

但是，凡事都有两面性，人类既是这个孤寂宇宙现存的最高成就，也有可能会成为宇宙最可怕的噩梦——如果我们最后毁灭了地球的话。

世界上的生物有多少种已经泯灭在历史的车轮下，又有多少种快要灭绝，或者将永远地存在下去，这些问题我们至今还无法回答。至于人类在这个过程中扮演了什么角色，起到了什么作用，我们更是一无所知。事实上，作为这个地球上最有智慧的生物，我们对地球上生物的监管一直都是漫不经心的。但话说回来，生命的演化本身就是一条没有尽头的道路，在没抵达终点时，再睿智的智者也无法猜到地球的结局。未来最终会变成什么样子，我们现在在做的事情又会对未来产生什么影响，这些问题就留给时间这个伟大的魔术师来揭晓答案吧！现在，我们可以明确的只有一点，那就是：无知的人类是这颗蔚蓝色星球上唯一有能力可以决定它未来的物种。

图书在版编目（CIP）数据

万物简史.怒放的生命 / 徐国庆编著；高帆绘. --
北京：北京理工大学出版社，2024.6
（孩子们看得懂的科学经典）
ISBN 978-7-5763-3822-5

Ⅰ.①万… Ⅱ.①徐… ②高… Ⅲ.①自然科学—少
儿读物 Ⅳ.①N49

中国国家版本馆CIP数据核字（2024）第079233号

责任编辑：徐艳君　　文案编辑：徐艳君
责任校对：刘亚男　　责任印制：施胜娟

出版发行 / 北京理工大学出版社有限责任公司
社　　址 / 北京市丰台区四合庄路6号
邮　　编 / 100070
电　　话 /（010）68944451（大众售后服务热线）
　　　　　　（010）68912824（大众售后服务热线）
网　　址 / http://www.bitpress.com.cn

版 印 次 / 2024年6月第1版第1次印刷
印　　刷 / 天津鸿景印刷有限公司
开　　本 / 710 mm×1000 mm　1/16
印　　张 / 8
字　　数 / 78千字
定　　价 / 118.00元（全3册）

图书出现印装质量问题，请拨打售后服务热线，负责调换